岩波科学ライブラリー 268

ドローンで迫る
伊豆半島の衝突

小山真人

岩波書店

SCIENCE

まえがき

近年注目を浴びているマルチコプター（いわゆる「ドローン」）は、GPSなどの衛星測位システムによる自動位置制御のおかげで操縦が簡単な上に、搭載した無線制御カメラを用いて上空のさまざまな方角から地表を撮影できる。このためヘリやセスナをチャーターしなくても目前の航空写真が安価に撮影可能となっただけでなく、有人航空機では不可能だった低空からの近接撮影という未開の領域への扉も開かれた。

この本では、ドローンを用いてさまざまな地形・地質の特徴をとらえた画像を紹介・解説する。被写体として選んだのは、筆者の主要な研究フィールドである富士山と伊豆半島、ならびにその周辺地域である。この地域は、伊豆半島と本州の衝突が進行する場であるとともに、富士山・伊豆東部火山群・箱根山・伊豆大島などの活発な火山活動にいろどられた地域でもあり、美しくかつダイナミックな地形・地質に事欠かない。こうした大地とそこに育まれた生態系や、それらをベースにした地域の人々の保全・教育・経済・文化活動が総合的に評価され、伊豆半島、箱根山、伊豆大島の3地域は国内ジオパークの認定も受けている。

以下に、この地域の地形・地質の概要や生い立ちを簡単に解説する。ほんの少しの基礎知識があれば、被写体となった事物がいっそう味わい深いものとなるからである。

伊豆半島は、フィリピン海プレートの北端に位置するとともに、伊豆・小笠原弧の最北部に位置している(図1、2)。伊豆・小笠原弧は、太平洋プレートがフィリピン海プレートの下に沈み込むことによって生まれた島弧《とうこ》である。プレートの沈み込みにともなう火成活動や地殻変動によって生じた弧状の浅瀬や陸地のことを島弧と呼ぶ。日本列島も、伊豆・小笠原弧とは別の島弧である。

フィリピン海プレートは、日本列島に対して北西に移動し、駿河・南海トラフと相模トラフから本州の下に沈み込んでいる。そこでは100〜300年に一度程度、マグニチュード8級のプレート境界地震が発生する。しかし、厚くて軽い地殻をもつ伊豆・小笠原弧は容易に沈み込めず、本州と衝突している。その衝突する伊豆・小笠原弧の先端部という特異な場所に、伊豆半島が位置している。

伊豆半島の北〜北西側は本州との衝突境界にあたるため、足柄・丹沢・御坂《みさか》・天守《てんしゅ》・赤石山地(南アルプス)などの標高1000〜3000mほどの山地がそびえ、現在も短縮と隆起が進行中であり、富士川河口断層帯や神縄《かんなわ》・国府津《こうづ》—松田断層帯に代表される活断層帯も形成されている。また、それらの山地の一部をおおって富士火山、箱根火山などの火山が誕

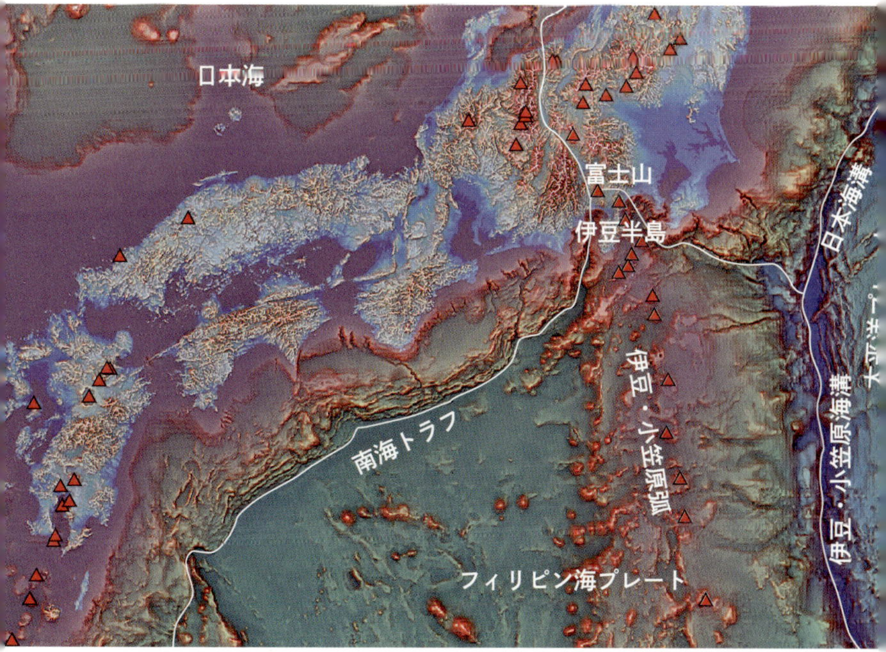

図 1　本書で扱った地域周辺の立体地形図．▲は活火山．白い実線はプレート境界．背景図は千葉達朗（アジア航測）による．作図には NASA と海上保安庁のデータを使用．

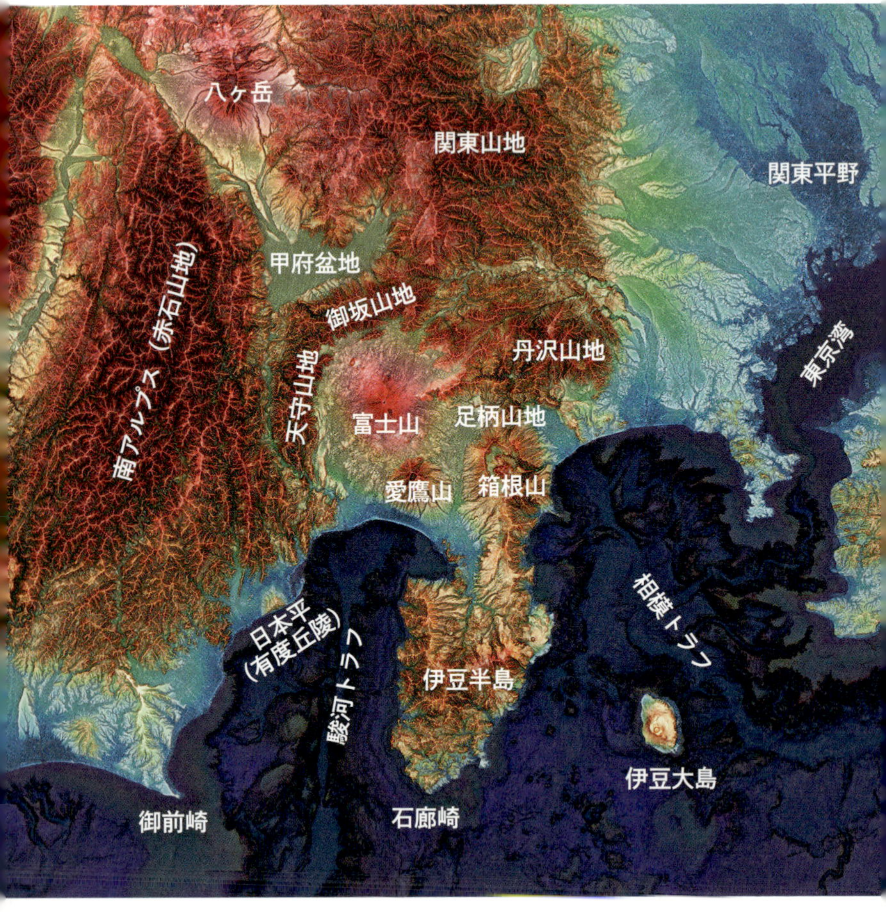

図 2　本書で扱った地域の立体地形図．背景図は千葉達朗（アジア航測）による．作図には NASA と海上保安庁のデータを使用．

生・成長し，現在も活動中である。
一方で，伊豆半島の南側には伊豆・小笠原弧の高まりが南へと続く。そこにある島々(伊豆諸島)の多くは活火山であり，歴史上たびたび噴火し，1986年の伊豆大島噴火など全島民の避難に至った例もある。
伊豆半島をつくる地層の主体は，古い海底火山の噴出物と，その上をおおう200万年前以降の陸上噴出の火山(天城《あまぎ》火山など)である。15万年前以降になると，小型火山の集まりである伊豆東部火山群が誕生し，伊豆半島の東半部とその沖合に100以上の小さな火山を形成した。
本州との衝突の影響は伊豆半島内にも現れており，東海岸が隆起，西海岸が沈降する地殻変動が進行し，その証拠は波食台などの海岸地形に見られる。また，丹那《たんな》断層を始めとする数多くの活断層が形成され，歴史時代にも1930年北伊豆地震に代表されるマグニチュード6〜7級の地震がくりかえし発生した。
本書は，岩波書店の雑誌『科学』に2016年9月号から2017年9月号まで連載したドローン写真解説記事を大幅に加筆するとともに，紙面の都合で掲載できなかった写真も加え，単行本として再構成したものである。本書に収録した写真の撮影に用いたドローン機体は，DJI社のPhantom 2 Vision +, Phantom 3 Advanced, Phantom 4の3種類である。

本書を補完する図と写真を提供してくださった千葉達朗、早川由紀夫、鈴木雄介の各氏に感謝する。本書に掲載した写真の撮影地点情報を次のサイトに示す。http://iwnm.jp/029668

本書を手にとってくださった方が、この世界でもまれな地域で進行する興味深い地学現象に少しでも興味をもってくだされば幸いである。

目　次

1

富士山の噴火と崩壊

活火山・富士

富士山が誕生したのは、今から10万年ほど前である。このとき生まれた「古富士火山」は、噴火のたびに噴出物を積み重ねて成長を続けた。その後、1万数千年前を境にして山頂の位置がやや西に移動し、現在の富士山(新富士火山)ができた。

富士山で起きる噴火の場所や様式には時代別の特徴がある。3500年前から2200年前にかけては山頂噴火が多く生じたが、2200年前以降、噴火は山腹や山麓でばかり起きるようになって現在に至っている(写真1-1、1-2)。山腹や山麓で起きる噴火を側《そく》噴火、側噴火によって生じた火口や小火山を側《そく》火山と呼ぶ(写真1-3)。

歴史時代になってからも、確かなものだけを数えても10回の噴火が起きた。その中でも二大噴火と言ってよい大規模なものが貞観《じょうがん》噴火と宝永《ほうえい》噴火である。どちらの噴火も富士山の山腹で生じた側噴火である。

宝永噴火は、江戸時代の1707年12月16日に発生し、終了まで16日間に及んだ。宝永噴火は、富士山の噴火史上まれにみる大規模かつ激しい噴火であり、マグマ量に換算して7億

m^3もの大量の火山礫《れき》・火山灰を、東麓から関東地方に至る広い範囲に降り積もらせた。宝永噴火を起こした「宝永火口」は、富士山南東山腹の六〜七合目付近に並ぶ3つの火口の総称である(写真1-4、1-5)。最上部の火口の内壁には、富士山の内部構造の一部が見えている。幾重にも重なる溶岩流のほかに、それらを貫いて衝立のように直立する岩があり、山頂から南東に向かって何列も伸びている(写真1-6、1-7)。これらの岩の正体は、「岩《がん》脈《みゃく》」である。岩脈は、地下の割れ目を満たしたマグマが冷え固まったものであり、それが地表に到達した場所では割れ目噴火が起きた。いわば噴火の「化石」である。

宝永火口の東縁にある突起(宝永山、標高2693m)は、噴火のさなかにマグマの突き上げによって隆起したらしい。宝永山の一部(赤岩)には黄褐色を帯びた古い地層が露出しており(写真1-8)、古い山体(古富士火山)の一部と考えられる。

写真 1-1 富士山の山頂火口．「お鉢《はち》」や「大内院《だいないいん》」などの名称で知られる．火口の縁に掛けられた赤黒いマットレスのような地層は，2200 年前の山頂噴火によって降り積もった火山弾などが，高熱によって溶けてくっつき合ったもの．右下の白い部分は 1 年中溶けることのない雪渓．2015 年 7 月 21 日撮影

写真 1-2 富士山東麓の「富士山グランドキャニオン」に累々と積み重なる火山灰．噴火によって降り積もったものの他に，「雪《ゆき》代《しろ》」と呼ばれる雪まじりの土石流によって流れたものも含まれている．2016 年 10 月 15 日撮影

側《そく》火山である．側火山は，山頂をめざして上昇したマグマが，なんらかの理由で山頂に達することができずに，山体の側面から噴火した跡である．2015 年 7 月 21 日撮影

写真 1-3　宝永山(**写真 1-5**)から南東方向を望めば，富士山の南東山腹から愛鷹山《あしたか》，伊豆半島，さらには伊豆諸島への絶景が広がる．愛鷹山の手前に多数見られる小丘の群れは，すべて富士山の

3 つの火口を開けて噴火した．2016 年 9 月 2 日撮影

写真 1-4　1707 年宝永噴火を起こした宝永火口の全景．北西－南東方向に伸びた割れ目に沿ってマグマが上昇し，その直上に大小

写真 1-5　南南東から見た富士山の宝永第 1 火口(奥)と宝永山(手前)．宝永山に露出する黄褐色の地層が赤岩(**写真 1-8**)．2016 年 7 月 30 日撮影

写真 1-6　宝永第 1 火口北西壁の最上部．下から伸びてきた岩脈群(**写真 1-7**)が，山腹に平行する地層(溶岩流，または高熱で溶け合った火山弾の層)を貫いたり，一部はそれらの供給源として接続したりしている．火口の縁に御殿場口登山道と七合五勺《しゃく》付近の山小屋が見える．2016 年 7 月 30 日撮影

写真 1-7　宝永第 1 火口の北西壁．何列も並ぶ衝立のような岩脈群は，山腹割れ目噴火を起こしたマグマが火口直下で冷え固まったもの．緻密で硬い岩石からできているので崩れにくく，突き出た形で残された．まるで山頂をめざして登る蛇の群れのようである．2016 年 7 月 30 日撮影

写真 1-8　宝永山の赤岩．黄褐色をした火山灰や小石が，層状に積み重なっている．赤岩は 1 万数千年前より古い時期の富士山の山体（古富士火山）の一部である．その表面には多数の断層が観察できる．2016 年 7 月 30 日撮影

山麓に達した溶岩

富士山は、およそ10万年前の誕生以来、山頂や山腹の火口からおびただしい量の溶岩を流し続けてきた。それらの溶岩は、時には谷をせき止めて湖を誕生させたり（写真1-9）、それまであった湖を埋め立てたりして、麓の地形を大きく変化させた。名瀑をつくり出したり、柱状節理などの美しい造形を生んだ溶岩流もある（写真1-10、1-11）。

平安時代の貞観《じょうがん》6年（864年）には、富士山の北西山腹で大規模な割れ目噴火（貞観噴火）が起きた。この噴火によって流れ出た青木ヶ原溶岩（マグマ量に換算して13億m³）は、「せのうみ」と呼ばれた大きな湖を分断して西湖《さい》と精進湖《しょうじ》を誕生させ、本栖湖《もとす》にも流れこんだ（写真1-12、1-13）。この溶岩流の上に育った森林地帯が、有名な「青木ヶ原樹海」である。

写真 1-9　富士山と山中湖．現在見られる山中湖は，9 世紀頃の噴火で流れた溶岩(鷹丸尾《たかまるび》溶岩)によって，北西端付近(写真右奥)がせき止められて誕生した．湖の北岸につき出た岬(写真手前)は，沿岸流による土砂移動でつくられた砂嘴《さし》(第 4 章「移動する土砂」)であろう．2015 年 11 月 7 日撮影

写真 1-10　黄瀬《きせ》川にかかる鮎壺《あゆつぼ》の滝．およそ 1 万年前に富士山から南東に向かって流れた三島溶岩は，遠路 30 km を流れてこの地に達した．溶岩のつくる岩盤は固いため，下流側のもろい地層が浸食されて滝ができた．2015 年 11 月 30 日撮影

写真 1-11　三島溶岩の柱状節理．黄瀬川の支流のひとつ佐野川が三島溶岩を削り込んだ場所に，険しい峡谷（景《けい》ヶ《が》島《しま》渓谷）ができた．その末端の屏風岩には，溶岩が冷え固まる際の収縮によってできた美しい柱状節理が見られる．2016 年 8 月 25 日撮影

写真 1-12　864 年貞観噴火の際に本栖湖に流れこんだ青木ヶ原溶岩．凹凸に富む湖岸は溶岩流の末端が細かく枝分かれしてできた地形であり，その延長部は水面下にも見える．2015 年 11 月 27 日撮影

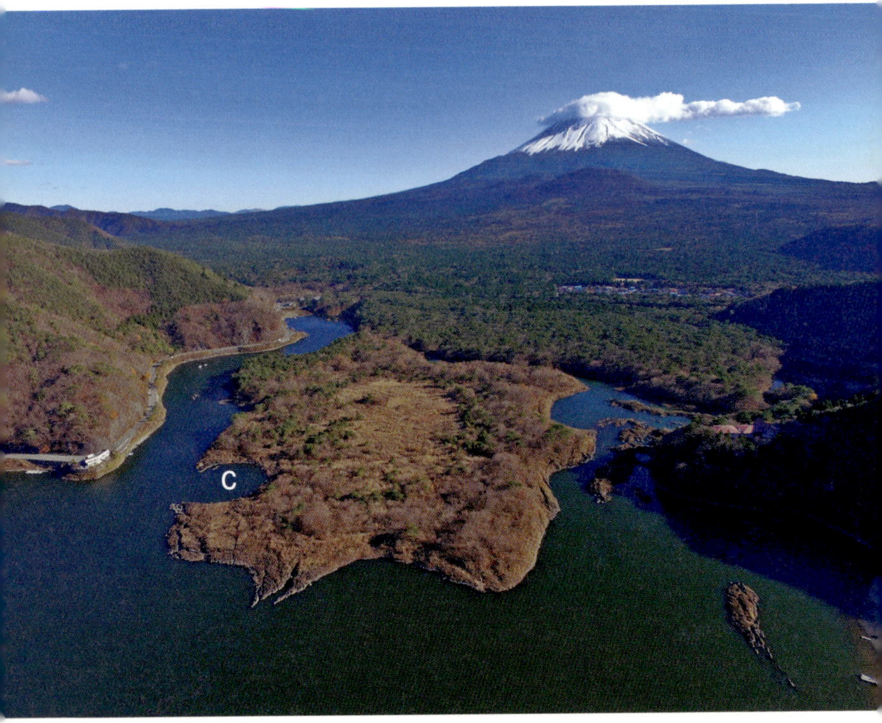

写真 1-13　精進湖に流れこんだ青木ヶ原溶岩．半円形の小さな入江（写真の C）は，熱い溶岩流と湖水の反応による爆発で生じた二次的火口（根なし火口）と考えられている．2015 年 11 月 27 日撮影

崩れゆく山体

西麓から見る富士山には大きな特徴がある。富士山頂の西側に刻まれた深く大きな谷、大沢崩れである。大沢崩れは、最大幅500m、最大深さ150m、水平方向の長さ2100mにわたる（写真1-14〜1-17）。

大沢崩れは噴火や山体崩壊（後述）でできた跡ではなく、浸食によって少しずつ崩れ、その幅や深さを広げてきた。年平均15万m^3もの崩落が続いてはいるが、富士山の山体自体が巨大なため、現在の規模の谷になるまで2500年ほどかかっている。崩れた土砂は、いったん谷の中にたまった後、土石流によって麓に流される。このため、大沢崩れの下流の山麓には、流された土砂が積もって大きな扇状地ができた（写真1-18）。

こうした定常的な崩壊を続ける一方で、富士山は「山体崩壊」と呼ばれる大規模な崩落現象を時おり起こし、大量の土砂を「岩屑《がんせつ》なだれ」として山麓に向かって流してきた。このうち、2万年前に西麓で生じたものを「田貫《たぬき》湖岩屑なだれ」、2900年前に東麓で生じたものを「御殿場岩屑なだれ」と呼ぶ（写真1-19、1-20）。

をうねるように続いている．写真右側の登山者が歩く尾根は，山頂火口の縁をたどる「お鉢めぐり」ルートの一部．2015 年 7 月 21 日撮影

写真 1-14　富士山頂から見下ろした大沢崩れの源頭部．赤い地層は，山頂火口の噴火で降り積もった火山弾などが折り重なったもの．写真左端には，大沢崩れの下流に続く岩樋《いわどい》峡谷が，森の中

写真 1-15　ヘリから見た大沢崩れ源頭部．この部分は徒歩でのアプローチが難しいため，長距離を飛行できないドローンを用いた撮影も困難である．縞々の地層の多くは山頂から流れ下った溶岩流．写真右上端の山頂（剣ヶ峰）に旧富士山測候所（現富士山特別地域気象観測所）の建物が見える．2001 年 10 月 25 日撮影

写真 1-16 ドローンから見上げた大沢崩れの源頭部．写真上端の山頂に旧富士山測候所の建物が小さく見える．2016 年 7 月 10 日撮影

写真 1-17　ドローンから見下ろした大沢崩れの下部．岩樋峡谷の入口から下は雲海におおわれている．2016 年 7 月 10 日撮影

写真 1-18　大沢崩れ（山頂直下の谷）と大沢扇状地（手前）．大沢崩れで崩落した土石はいったん谷底にたまり，大雨が降ると土石流となって岩樋峡谷を駆け抜け，ここに至る．そのため遊砂地や堰堤《えんてい》などの砂防施設が設けられている．2015 年 11 月 6 日撮影

写真 1-19　富士山と田貫《たぬき》湖．およそ 2 万年前の富士山の山体崩壊で発生した岩屑なだれ(田貫湖岩屑なだれ)は西方の天守山地に行く手をふさがれ，厚さ 100 m ほどの土石からなる台地を築いた．この台地上は水はけが悪く，狸沼などの湿地帯ができたが，のちに貯水池として拡張・整備されて現在の田貫湖となった．2016 年 12 月 24 日撮影

写真 1-20　富士山の山体崩壊がつくった流れ山の群れ．およそ2900 年前にも富士山で山体崩壊が起き，その際に発生した御殿場岩屑なだれの流れ山(なだれに巻き込まれた巨大岩体が突き出た地形)が東麓の一部に分布する．一見，屋敷森のように見える流れ山が多いが，手前のものは森の一部が伐採され，地形の盛り上がりがわかる．2016 年 3 月 17 日撮影

2
伊豆半島の成長と衝突

火山の野外博物館

火山には、大きく分けて複成《ふくせい》火山と単成《たんせい》火山の2種類がある。複成火山は、ほぼ同じ場所から休止期間をはさみつつ数万~数十万年間にわたって噴火をくりかえし、結果として大型の山体をつくる火山である。富士山や箱根山が、これにあたる。一方、単成火山は一度だけ噴火して小型の山体をつくった後に、同じ火口からの噴火をやめてしまい、次に噴火する時は全く別の場所に新しい火口をつくる。

15万年前以降の伊豆半島では、なぜか「鎮火」してしまった天城山などの大型の複成火山の代わりに、大室《おおむろ》山に代表される単成火山があちこちで噴火するようになり、ここ3万年ほどは平均3000年に一度噴火してきた。結果として小型火山の群れ(伊豆東部火山群)ができ、今日に至っている。これらの小火山は、伊豆半島の東半部に60余り分布するほか、伊豆半島と伊豆大島の間の海底にも存在する。

単成火山には、大きく分けて3つの種類がある。それらは、スコリア丘、マール(あるいはタフリング)、溶岩ドームである。

マグマのしぶき(スコリア)が火口から噴水のように噴き上がると、火口のまわりに降り積もってスコリア丘がつくられる(写真2-1、2-2)。大室山や鉢窪《はちくぼ》山で見られるように、スコリア丘の麓から溶岩流が湧き出すことがある(写真2-3〜2-5)。

マグマが大量の地下水や海水と触れ合うと、爆発的な噴火を起こす。その結果、大きな火口のへこみが残されたものをマールと呼ぶ。一碧《いっぺき》湖で見られるように、マールに水がたまって湖となることがある(写真2-6、2-7)。大きな火口だけでなく、それを囲むリング状の山体が残されたものをタフリングと呼ぶ。

粘りけの多い溶岩が火口のまわりに盛り上がると溶岩ドームがつくられる。矢筈《やはず》山や孔《あな》ノ山がこれにあたる(写真2-8)。

伊豆東部火山群は、噴火年代が新しいのでほとんど浸食を受けておらず、右に述べたさまざまな種類の火山の美しい形が保たれている。空中から見たそれらは、まるで火山の野外博物館である。

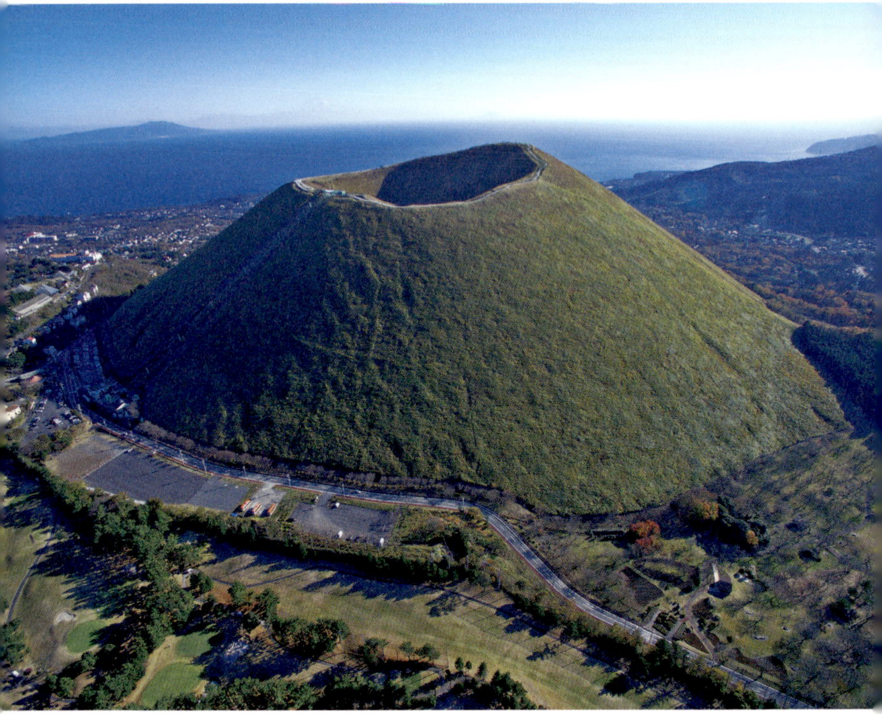

写真 2-1　伊豆東部火山群を代表する単成火山・大室山(国指定天然記念物). およそ 4000 年前の噴火でできたスコリア丘である. 粘りけの小さなマグマのしぶき(スコリア)が火口の周囲に降り積もってできたプリン状の山体が美しい. 背景に相模湾, 遠景左に伊豆大島が見える. 2015 年 12 月 5 日撮影

写真 2-2　およそ 15 万年前に噴火した船原《ふなばら》スコリア丘．採石場の崖で内部構造が観察できる．火口付近で降り積もったスコリアは，高温のまま空気に触れるために酸化して赤くなりやすい．スコリア丘の麓から流出した溶岩上の平坦面（写真奥）に運動場と体育館がつくられている．2016 年 8 月 20 日撮影

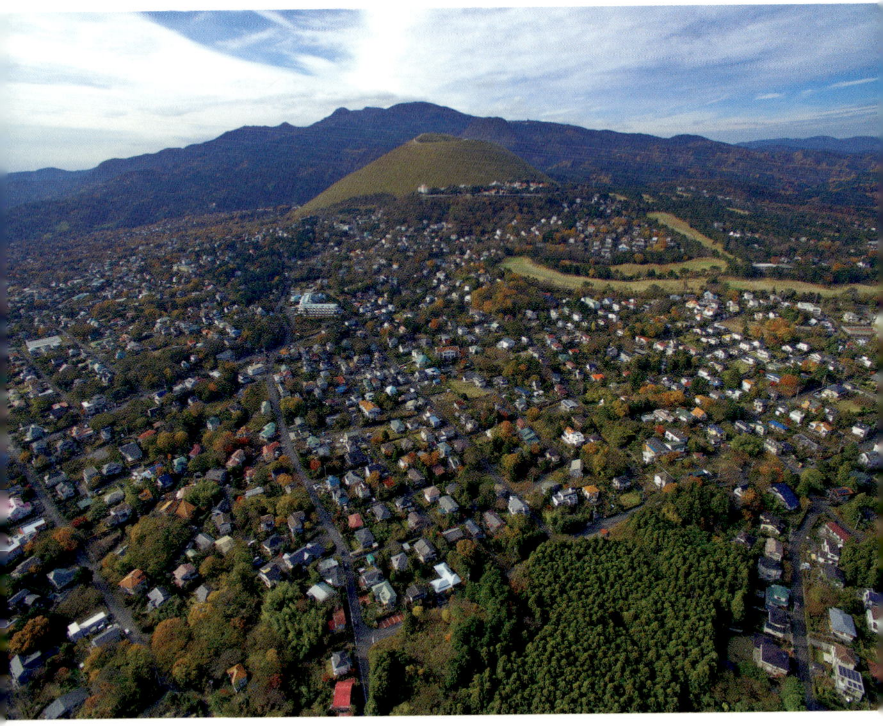

写真 2-3　北東から見た大室山スコリア丘と伊豆高原別荘地．背後に天城山．大室山の噴火で流出した大量の溶岩は，地形の凹凸を埋めてなだらかな伊豆高原をつくった．2015 年 12 月 6 日撮影

写真 2-4 大室山の溶岩は相模湾に達し，海を埋め立てて城ケ崎《じょうがさき》海岸をつくった．海岸に見られる多数の出っ張りは，溶岩が細かく分流してできた地形である．大室山の左に見える矢筈山《やはず》(**写真 2-8**)と遠笠山《とおがさ》も伊豆東部火山群の仲間である．2016 年 1 月 1 日撮影

写真 2-5　およそ 1 万 7000 年前に天城峠の北で起きた割れ目噴火で 2 つのスコリア丘・鉢窪山《はちくぼ》と丸山が生まれた．鉢窪山から流出した溶岩は本谷川《ほんたに》の谷を埋め，茅野《かやの》の台地と浄蓮《じょうれん》の滝を誕生させた．2016 年 8 月 20 日撮影

写真 2-6　およそ 10 万年前にできた一碧湖《いっぺきこ》はマール(地下水とマグマが触れ合う爆発的な噴火によってできた火口)である．2017 年 8 月 23 日撮影

写真 2-7　一碧湖と十二連島《じゅうにれんとう》．4000 年前に大室山が噴火し，流れ出した溶岩の一部が一碧湖に流れこんで，十二連島と呼ばれる島の連なりをつくった．2015 年 12 月 6 日撮影

写真 2-8　矢筈山（奥）と孔《あな》ノ山（手前）．およそ 2700 年前の噴火で生じた 2 つの溶岩ドームである．写真左奥に大室山．遠景に伊豆大島．2017 年 8 月 23 日撮影

隆起した海底火山

伊豆半島の地表には過去２０００万年間の地層・岩石が分布し、本州と衝突する以前の、はるか南方にあった頃からの克明な地質学的記録をたどることができる。

それらの下部を占める地層・岩石は、海底火山の噴出物とそれらの二次堆積物、ならびにマグマが火山の地下で冷え固まった貫入岩《かんにゅう》からなる。かつて海底下にあったこれらの地層・岩石は、本州への衝突による隆起と浸食によって、伊豆半島の陸上に広く露出している。

海底火山の噴火は、陸上火山とは異なる噴出物を残す（写真2-9、2-10）。それらの特徴を読み解くことによって、海底で起きた噴火の様子が実感できる。一方、伊豆半島の山々や海岸には、ひときわ人目を引いてそびえ立つ奇峰や奇岩があり、多くは側面が絶壁となった鐘のような形状を備えている（写真2-11、2-12）。これらは貫入岩の一種で、火山岩頸《がんけい》と呼ばれる。そのほとんどは海底火山時代のものなので、海底火山の「根」と言ってもよい。

貫入岩体の中には、垂直ないしは急傾斜をなす板状のものもあり、岩脈《がんみゃく》と呼ばれる。岩脈は、地層がつくる縞を横切っているために発見しやすい（写真2-13～2-15）。また、数は少ないが、地層にほぼ平行な板状の貫入岩体もあり、シルと呼ばれる（写真2-16）。

(下)石廊崎の岩場の陰に建てられた石室《いろう》神社の拝殿の背後に見られる水冷破砕溶岩．2010 年 12 月 31 日撮影

写真 2-9　(上)伊豆半島最南端の石《い》廊《ろう》崎．海岸ぞいの険しい崖には，海底火山から流出した溶岩(水冷破砕溶岩＝ハイアロクラスタイト)が積み重なっている．これらの溶岩は，海水に触れて急冷される際に，熱ひずみによってこなごなに砕け，角ばった岩片や岩塊の集合体となったものである．写真右側の細長い入江の最奥に，古くから風待港として使われた石廊崎港がある．2016 年 8 月 19 日撮影

写真 2-10　伊豆半島の西海岸・堂ヶ島付近(枯野《からの》公園)の海岸．この周辺には，前出の水冷破砕溶岩のほか，噴火にともなって熱い岩塊が一団となって海底を流れ下った土石流，海底に降り積もった軽石や火山灰が波や海流に流されて美しい縞模様をなした地層などが折り重なる．2015 年 12 月 30 日撮影

写真 2-11　伊豆の国市の城山《じょうやま》と狩野《かの》川．城山（標高 342 m）は，かつての海底火山の火道《かどう》（火口下にあるマグマの通り道）を埋めたマグマが冷え固まり，その後の浸食によって洗い出された「火山の根」である．2017 年 3 月 15 日撮影

海底火山の「根」である．温泉街のある谷間の上流は，海岸ぞいの浸食によってすでに失われている．2015 年 8 月 27 日撮影

写真 2-12　松崎町の烏帽子《えぼし》山と雲見温泉街．烏帽子山(標高 162 m，手前の岩山)とその右上に小さく見える千貫門《せんがんもん》は，かつての

写真 2-13　南伊豆町子浦《こうら》の「蛇下《じゃくだ》り」岩脈．左に向かって緩やかに傾き下がる縞々の地層は，海底火山の噴火で堆積した火山灰や土石流．その中央付近を斜めに貫く岩板は，地下の割れ目を満たしたマグマが冷え固まった岩脈である．2015 年 12 月 30 日撮影

写真 2-14　蛇下り岩脈(**写真 2-13**)の全容．岩脈上端の海面からの高さはおよそ 80 m．2017 年 8 月 10 日撮影

写真 2-15　蛇下り岩脈(**写真 2-14**)の下半部のクローズアップ．マグマが冷却する際の体積収縮によってできた柱状節理が発達している．2017 年 8 月 10 日撮影

写真 2-16 下田市爪木《つめき》崎付近の俵磯《たわらいそ》の柱状節理．無数の六角柱が刻まれたこの岩体(シル)は，周囲の地層とほぼ平行に入り込んだマグマが冷え固まったもの．2016 年 12 月 30 日撮影

衝突で生じた隆起と活断層

２００万〜１００万年前になると、本州への衝突と隆起にともなって、海底で堆積した地層が姿を消していき、１００万年前頃には伊豆半島の全体が陸地となった（写真2-17）。伊豆と本州の間にあって駿河トラフと相模トラフをつないでいた海峡は、本州側と伊豆側からの堆積物による埋積《まいせき》と隆起によって消滅し、現在の半島の原型が60万年前頃につくられた。

陸化後も火山噴火が伊豆半島のほぼ全域で続き、20万年前頃までに天城火山などの陸上噴出の大型火山が形成され、伊豆半島の現在見られる山容となった。その後、先に述べたように、15万年前頃から単成火山の群れ（伊豆東部火山群）が噴火を始め、現在に至っている。

伊豆半島の北〜北西側は本州との衝突境界にあたるため、足柄・丹沢・御坂《みさか》・天守《てんしゅ》・赤石山地などがそびえて、現在も短縮と隆起が進行し（第4章参照）、その前面には富士川河口断層帯や神縄《かんなわ》・国府津《こうづ》─松田断層帯に代表される活断層帯も形成されている（写真2-18、2-19）。

衝突の影響は伊豆半島内にも現れており、東海岸が隆起、西海岸が沈降する地殻変動が進行し、その証拠は海成段丘や波食台などの海岸地形に見ることができる（写真2-20）。また、丹那《たんな》断層に代表される数多くの活断層が半島内に形成された（写真2-21〜2-23）。

写真 2-17　南伊豆町の南崎《なんざき》火山．浸食の進んだ険しい地形の中に，ユウスゲの花が咲き乱れるオアシスのような小さな台地をつくったのは，伊豆半島の陸化後の 40 万年前にここで噴火した南崎火山である．崖の下部に見られる白色の岩石は海底火山が噴出した軽石や火山灰，崖の上部に見える灰色や赤茶色の岩石は陸上噴火の溶岩流や火山弾である．つまり，この崖には本州への衝突にともなう海底から陸上への環境変化が記録されている．2016 年 8 月 19 日撮影

写真 2-18　南から見た大宮断層．伊豆半島をとりまくように富士川河口断層帯と神縄《かんなわ》・国府津《こうづ》－松田断層帯があり，両者とも伊豆側と本州側のプレート力学境界域の一部と考えられている．富士川河口断層帯を構成する活断層のひとつである大宮断層は，左側の星山丘陵と右側の富士市街の間を通る．断層の両側の土地利用の違いが明瞭．遠景右に富士山，左に天守山地．2015 年 12 月 9 日撮影

写真 2-19　東から見た国府津－松田断層．神縄・国府津－松田断層帯を構成する活断層のひとつである国府津－松田断層は，手前の大磯丘陵とその奥の足柄平野の間を通る．遠景に箱根山，足柄山地，そして富士山．ピーク K(金時山)は箱根火山の一部であるが，ピーク Y(矢倉岳)は足柄山地に貫入した火山岩頸であり，伊豆半島の衝突にともなう足柄山地の隆起と浸食の速さを物語っている．2016 年 12 月 28 日撮影

写真 2-20　下田市の恵比寿島《えびす》(手前)と須崎半島(背後).左奥に下田港と下田市街が見える.伊豆半島は本州に衝突した後も,西の駿河湾側が沈降し,東の相模湾側が隆起する地殻変動を続けている.隆起域にあたる須崎半島の平坦な地形は,海岸付近の浅瀬が隆起してできた海成段丘である.恵比須島を取り囲む平らな磯(千畳敷)は,最も新しい時期の隆起によってできた波食棚である.2016 年 1 月 31 日撮影

写真 2-21 南から見た丹那断層．伊豆半島とその周辺には，プレート運動による本州との衝突にともなって数多くの活断層が形成されている．伊豆半島の付け根を南北に貫く丹那断層もそのひとつであり，1930 年北伊豆地震（マグニチュード 7.3）の震源断層としても知られる．丹那断層は深沢川に沿う谷間（写真手前）を通り，池ノ山峠に至る．遠景左に富士山と愛鷹山．2016 年 1 月 1 日撮影

写真 2-22　南から見た丹那断層．断層は，手前の大沢池（断層池）の左端，池ノ山峠，丹那盆地（**写真 2-23**）の東部を通って，その北の箱根山に至る．遠景左に富士山．2016 年 1 月 1 日撮影

写真 2-23　南から見た丹那盆地．丹那断層は，手前の断層公園，川口の森の左端，盆地の北側の谷を通って箱根山に至る．断層公園には 1930 年北伊豆地震にともなう配石の左横ずれが国指定天然記念物として保存されている．2016 年 8 月 20 日撮影

3 荒ぶる火山帯

箱根火山と大涌谷

箱根山は、富士山（第1章）や伊豆東部火山群（第2章）と同じ日本の111活火山のひとつ（箱根火山）であり、40万年以上に及ぶ長い噴火の歴史がある。一方で、火山活動が温泉や美しい景観をつくり出したおかげで、箱根山周辺は一大観光地として発展してきた（写真3-1）。

箱根火山は、23万年ほど前から規模の大きな火砕流をともなう噴火をたびたび発生させた。中でも6万6000年前に発生した火砕流は、東は横浜市郊外、南は伊豆半島の修善寺や伊東、西は富士川河口付近にまで達する大規模かつ特異なものであった。

4万年ほど前からはカルデラ内に次々と溶岩ドームが形成され、それらの崩壊による火砕流がたびたび発生した。これらの火砕流の多くはカルデラ内にとどまったが、長尾峠や湖尻《こじり》峠を越えて静岡県の御殿場や裾野方面に流れたもの、早川や須雲川ぞいを小田原方面に流れたものも知られている。約3000年前の噴火では、大涌谷の南に冠ヶ岳《かんむりがたけ》溶岩ドームが出現し、そこから発生した火砕流が仙石原《せんごくはら》を広くおおった（写真3-2、3-3）。

この噴火以降、マグマが直接地表に現れた噴火は発生していないが、大涌谷付近での5回の小蒸気噴火の発生が堆積物から確認されている。つまり、過去3000年間の平均的な噴火発生頻度は600年に一度である。最新のものは放射性炭素年代にもとづいて12世紀末〜13世紀前半に起きたと考えられるが、文書記録は見つかっていない。

今世紀になって地下の熱水活動によるとみられる群発地震が数年に一度起きてきたが、2015年の群発地震は噴気活動の顕著な異常をともない、6月29日のごく小規模な噴火に至った(写真3-4〜3-6)。その際、噴火警戒レベルが3に上げられて大涌谷周辺は立入禁止となったが、現在はレベル1に戻されて昼間の観光が可能となっている。

写真 3-1　神山と強羅《ごうら》温泉街．神山は箱根火山の中央火口丘のひとつである．山頂直下の噴気を上げている谷間が早雲地獄．神山には北東側（早雲地獄）のほか，北側（大涌谷）と南東側（湯の花沢）にも常に噴気を上げる地熱地帯がある．2016 年 11 月 3 日撮影

写真 3-2 北西から見た箱根カルデラ．中央の高い山が中央火口丘の神山で，その右側に芦ノ湖が見える．神山の左肩付近の噴気を上げている場所が大涌谷．3000 年ほど前に神山が山体崩壊を起こし，崩れた大量の土石が手前のゴルフ場とその奥の別荘地のある扇状の地形をつくった．2016 年 11 月 6 日撮影

写真 3-3　神山と大涌谷．**写真 3-2** で説明した神山の山体崩壊によってえぐられた岩壁が，その後成長した冠ヶ岳《かんむりがたけ》溶岩ドーム(写真右上の三角形の山)を取り囲んでいる．左上の噴気地帯が大涌谷．2016 年 11 月 3 日撮影

写真 3-4　北側から見た大涌谷．2015 年の群発地震と噴気活動の高まりにともなう火山ガスの濃度上昇によって，大涌谷とその下流の森林が変色したことが写真からわかる．2015 年 8 月 7 日撮影

の(15-1 火口，**写真 3-6**)が噴気を上げている．2016 年 11 月 3 日撮影

写真 3-5　南西側から見た大涌谷の全景．右端の凹地群(白矢印)が，2015 年噴火で誕生した 4 つの火口．そのうち最も手前のも

写真 3-6　大涌谷内に生じた 15-1 火口のクローズアップ．直径は 20 m ほどで，火口の底に沸騰する湯だまりが見える．2015 年 7 月 15 日鈴木雄介撮影

火山島・伊豆大島

伊豆大島は、前節の箱根火山と同じく日本の111活火山のひとつであり、伊豆半島東岸沖の相模湾に位置する南北12km、東西8kmの火山島である。山頂部には6世紀頃に形成されたカルデラ(直径2・5km)があり、その南部に三原山と呼ばれる火砕丘がある。その山頂には直径300mの円筒状の三原山火口が口を開けている(写真3-7)。

伊豆大島は、およそ3万年前から100~200年に一度の大規模な噴火をくりかえし、筆島火山などの古い火山の残骸の上に新たな山体を成長させてきた(写真3-8~3-10)。現在見られるカルデラが形成されてから現在までの間に、カルデラ外の降下火山礫・火山灰の地層として確認できる噴火が24回くりかえされた(写真3-11、3-12)。こうした噴火の際には、カルデラ外の山腹・山麓において割れ目噴火が生じることがある(写真3-13、3-14)。

明治以降にもかなりの数の噴火が起きたが、19世紀前半に起きた噴火以来1986年噴火まではカルデラ外に地層を残す噴火は一度も起きなかった。ところが、1986年噴火では、噴煙高度1万6000mに達する準プリニー式噴火が生じたほか、カルデラ外でも割れ目噴火と溶岩流出が起きたため、全島民約1万人が一時的に島外に避難する事態となった

（写真3-15、3-16）。

１９８６年噴火は、噴出したマグマの量だけで比較すると、20世紀以降に二度あった溶岩流出主体の噴火（１９１２～14年噴火および１９５０～51年噴火）と大差ない規模の噴火である。しかしながら、１９８６年噴火は、（１）カルデラ外に降下火山礫の地層を残したこと（およそ１６０年ぶり）、（２）カルデラ外で割れ目噴火を起こしたこと（およそ５４０年ぶり）、の２点において、19世紀以前にくりかえされた中～大規模噴火と同種の噴火と言える。

１９８６年噴火からすでに30年余りが経過したいま、伊豆大島で次にどのような噴火が起きるかは、気にかかるところである。

写真 3-7 伊豆大島火山の山頂カルデラ南部に位置する三原山火口のクローズアップ．2016 年 3 月 2 日撮影

写真 3-8　筆島岩脈群．島をとりまく海岸のところどころに，伊豆大島火山とは別の古い火山が露出する．島の南東部にある筆島(手前の岩)は，そうした古い火山(筆島火山)の岩脈が浸食され残ったものであり，対岸の崖にも同時期に生じた多数の岩脈が観察できる(**写真 3-9**)．2016 年 3 月 2 日撮影

写真 3-9　筆島岩脈群（**写真 3-8** の右奥部分）のクローズアップ．幾筋も伸びた灰色の脈状の模様が岩脈である．2016 年 3 月 2 日撮影

写真 3-10　地層大切断面．島の南西部の都道ぞいに，降り積もった火山灰や火山礫の層が美しい縞模様を成している．過去およそ 2 万年間にくりかえされた 100 回余りの大規模な噴火の痕跡である．地層が曲がっているように見えるのは，もとあった地形の凹凸をおおうように降り積もったためである．2016 年 3 月 1 日撮影

写真 3-11 数千年前の噴火で島の南端(クダッチ付近)を埋め立てた溶岩流．円弧をえがく溶岩じわが，波に洗われてよく見えている．2016 年 3 月 1 日撮影

写真 3-12　1684 年の大噴火の際にカルデラ外に流れ，島の東岸に達した溶岩．海を埋め立てて扇形の地形(長根岬)をつくった．2016 年 3 月 2 日撮影

写真 3-13　岳《たけ》の平《ひら》とイマサキ海岸．15 世紀に島の南部で生じた割れ目噴火では，火口上に岳の平などの火砕丘が生じ，複数地点から溶岩が流出した．手前の海岸の崖で，この割れ目噴火を起こしたマグマの通り道である岩脈（白矢印）を見ることができる．2016 年 3 月 2 日撮影

写真 3-14　波浮港《はぶのみなと》．9 世紀に島の南部で生じた割れ目噴火によってできた火口のひとつ．当初は内陸にあって「波浮の池」と呼ばれていたが，1703 年の元禄関東地震の津波で外海とつながり，1800 年の開削工事によって港として整備された．2016 年 3 月 2 日撮影

写真 3-15　東から見た三原山の山頂部．左奥が三原山火口（**写真 3-7**），手前の火口列が 1986 年 B 火口列の南東端にあたる．1986 年噴火は，11 月 15 日から三原山火口内（A 火口）で生じ，火口内を満たした溶岩が 11 月 19 日にカルデラ底にあふれ出した（LA）．その後 11 月 21 日に始まった割れ目噴火では，新たに三原山から北西のカルデラ底にかけて B 火口列が生じ，その延長上のカルデラ外にも C 火口列（写真の範囲外）が生じた．2016 年 3 月 2 日撮影

写真 3-16　1986 年 B 火口列と，そこからカルデラ底に流出した溶岩(LBI，LBII，LBIII)．遠景左に海を隔てて伊豆半島．2016 年 3 月 2 日撮影

八ヶ岳の山体崩壊

高くそびえる火山の美しく裾を引いた形状は、その不安定さの象徴でもある。噴火のたびに重力に逆らって噴出物が積み上げられた結果、山頂に近づくほど斜面が急になっている。積み重なった火山灰等はもろく、溶岩にも冷却時にできた無数の亀裂が入っている。こうした火山は、噴火や地震をきっかけとして大きく崩れることがある。それが山体崩壊であり、高くそびえる火山の宿命でもある。山体崩壊の結果、麓に一気に押し出される大量の土石を岩屑《がんせつ》なだれと呼ぶ。

本書ではすでに富士山の2つの山体崩壊を紹介したが（第1章「崩れゆく山体」）、それよりもはるかに規模の大きい山体崩壊を起こした火山をここで紹介する。八ヶ岳である。

甲府盆地の北西端にある韮崎付近の台地は、20数万年前に八ヶ岳が起こした厚い岩屑なだれ（韮崎岩屑なだれ）の堆積物でできている（写真3-17〜3-19）。同じ堆積物が甲府盆地の南端でも見つかることから、50㎞以上の距離を流れて甲府盆地を埋め尽くしたことがわかる。その総体積は100億m^3という途方もないものである。当時の八ヶ岳は、この山体崩壊で大きく姿を変えたであろうが、その崩壊地形はすでに失われている。

八ヶ岳の山体崩壊は歴史時代にも起きた。東麓にある松原湖の周辺に岩屑なだれ堆積物が分布しており、大月川岩屑なだれと呼ばれている（写真3-20、3-21）。その崩壊体積は韮崎岩屑なだれより桁違いに小さい3・5億m^3であったが、千曲川をせき止めて湖を生じさせた。この湖はやがて決壊し、下流の千曲川ぞいに大洪水を引き起こした。この洪水に埋もれた遺跡の遺物や古記録の検討により、この山体崩壊は、平安時代の887年に起きた東海地震の強い揺れによって引き起こされた可能性が濃厚である。

写真 3-17　八ヶ岳と七里岩《しちり》．20 数万年前に八ヶ岳火山（写真遠景中央）の山体崩壊で発生した韮崎岩屑なだれは，南に 30 km ほど離れた韮崎付近を厚さ 50 m 以上の土石で埋め尽くした．この堆積物は，のちに釜無川《かまなし》（写真左）と塩川（写真右）の浸食を受け，舌状の台地として残されたのが現在の七里岩（写真中央の細長い台地）である．2015 年 10 月 25 日撮影

写真 3-18　(上)八ヶ岳と七里岩．**写真 3-17** の撮影地点から 8 km ほど上流の釜無川は，七里岩の西端に沿って流れる．
(下)川ぞいの崖に見られる複雑な模様は，岩屑なだれ特有のパッチワーク構造(崩壊前の火山体を構成していたさまざまな岩石がパッチ状に「乱舞」して積み重なる)である．

(上)2015 年 10 月 25 日撮影
(下)2013 年 5 月 2 日撮影

写真 3-19　写真 3-18 の撮影地点から釜無川の下流方面を望む．遠景に甲府盆地，その向こうに御坂山地と富士山．七里岩の台地上(写真左から中央)には，岩屑なだれ特有の流れ山の群れが見られる．同じ岩屑なだれ堆積物は甲府盆地の南端にも見られ，発生地点から 50 km ほど流走したことがわかる．堆積物全体の体積は 100 億 m^3 に及び，既知の岩屑なだれとしては日本最大である．2015 年 10 月 25 日撮影

写真 3-20　9世紀に生じた八ヶ岳大月川岩屑なだれの発生源付近の崩壊地形．八ヶ岳の稜線付近にある天狗岳（標高 2646 m）の少し東に位置する．2015 年 10 月 25 日撮影

写真 3-21　松原湖(左)と大月湖(右). 千曲川をせき止めた八ヶ岳大月川岩屑なだれの上面には流れ山地形が発達し, 凹みの部分には湖沼群ができた. 2015 年 10 月 25 日撮影

4
本州側の隆起と変容

揺れ上がる大地

伊豆半島の西側には駿河湾がある。駿河湾の中央には水深2000mを超える深い溝（駿河トラフ）があり、伊豆半島を載せたフィリピン海プレートと、それが沈み込む本州側のプレートの境界となっている。この沈み込み境界は、さらに水深を増しながら南西へと続き、御前崎から四国沖にかけて1000kmにわたって続く南海トラフに接続している。駿河・南海トラフでは、100〜150年程度の間隔でプレート境界地震である東海・東南海・南海地震が起きてきた。

駿河湾の西岸では、プレート境界で起きる地震と地震の間はゆっくりとした沈降が起きている。たとえば、掛川に対して御前崎が最近50年間に25cm程度沈降してきたことが、測量の結果わかっている。この沈降は、沈み込むフィリピン海プレートに本州側が引きずり込まれるためと考えられている。

しかし、いったんプレート境界地震が起きると、今度はそれと逆の地殻変動が起き、駿河湾の西岸は一気に隆起する。実際に1854年安政東海地震の際に、駿河湾西岸の各地で記録された隆起量は1～3ｍに達した（写真4-1）。この量は、地震間に沈降する量よりも過大であるため、駿河湾の西岸は長期的には隆起の場となっているとみられる。その証拠に、駿河湾西岸のあちこちに更新世後期になってから隆起した丘陵や台地が発達している。日本平（有度《うど》丘陵）、御前崎台地を含む牧之原丘陵などがその例である（写真4-2～4-5）。

さらに、これらの台地の背後には、南アルプス（赤石山地）に代表される高い山脈がそびえている（写真4-6）。南アルプスは、過去100年ほどの測量データにもとづけば年間5㎜（100年で5ｍ）という、日本有数の速度で隆起を続けている山地である。南アルプスはプレート境界地震で隆起する駿河湾西岸からかなり離れているので、その長期的な隆起の原因は、おそらく伊豆半島と本州の衝突によるものであろう。本州に衝突・付加しつつある伊豆半島が北西に進んでいるため、その進行方向にあたる南アルプスが圧縮を受けて隆起するのである。

写真 4-1　駿河湾と薩埵峠《さったとうげ》．薩埵峠は旧東海道の興津《おきつ》宿と由比《ゆい》宿の中間（現在は静岡市清水区内）にあり，「親知らず子知らず」の難所として知られる．かつて海岸の崖下は満潮時に波が打ち寄せたので，旧東海道は山の中腹を通っていた．しかし，1854 年安政東海地震にともなう隆起によって海岸が通行できるようになり，そこに日本の東西を結ぶ 3 つの幹線（国道 1 号線，JR 東海道本線，東名高速道路）が通過することとなった．左側の山（浜石岳）は，数百万年前の駿河湾の底にたまった砂や礫の地層が隆起したものである．険しい斜面には国の直轄で地すべり対策工事がなされている．遠景に富士山．2017 年 4 月 20 日撮影

写真 4-2　日本平(有度《うど》丘陵)と静岡市街．日本平(最大標高 307 m)は，過去 10 万年ほどの間に静岡平野の一部が隆起してつくられた．左側の高架道路は東名高速道路，遠景左に富士山，右に伊豆半島．2015 年 10 月 12 日撮影

写真 4-3 日本平上空から北東を望む．近景の入江が清水港，入江を囲む岬が三保松原《みほのまつばら》のある三保半島(本章「移動する土砂」)．遠景左に富士山．2015 年 10 月 13 日撮影

写真 4-4　日本平の駿河湾側．なだらかな斜面が残る西〜北部(**写真 4-2，4-3**)とは対照的に，南部の駿河湾側は激しい浸食を受けて久能山などの険しい山を成している．遠景中央の雲間に富士山．2017 年 9 月 18 日撮影

写真 4-5 御前崎台地．標高 50 m ほどの平坦面は，東海地震による隆起が蓄積した結果，かつての海岸平野が台地となったものである．右側は駿河湾，左側は遠州灘．2017 年 8 月 27 日撮影

写真 4-6　しらびそ高原(手前)と南アルプス(奥). 長野県飯田市の遠山郷の北部に位置する標高 1900 m ほどの尾根を「しらびそ高原」と呼ぶ. ここから南アルプス(赤石山地)の中核をなす標高 3000 m 級の山々を間近に望むことができる. 2017 年 4 月 30 日撮影

大地震が起こす巨大崩壊

隆起する山脈は、激しい浸食の場ともなる。南アルプスは雨水で削られ、時には地震で崩壊し、大量の土砂を河川に流してきた。

1707年宝永東海・南海地震（マグニチュード8・7）の際に安倍川源流の静岡・山梨県境にある大谷嶺《おおやれい》（標高2000m）付近で起きた大谷崩《おおやくずれ》は、1億m^3もの土石を流して長さ5㎞に及ぶ土石流段丘を形成するとともに、安倍川本流と支流にせき止め湖を誕生させた（写真4-7～4-9）。そのうちのひとつは明治初年まで残存していた。

宝永東海・南海地震は、同県境の富士川右岸にある白鳥山《しらとり》（標高568m）も崩壊させた（写真4-10、4-11）。崩壊した500万m^3の土石は富士川を一時的に塞ぎ、せき止め湖を出現させた。白鳥山は1854年安政東海地震の際にも崩壊を起こし、富士川を閉塞したらしい。ただし、この時に崩壊した土石の量は1707年地震時の10分の1程度であった。

南アルプスや天守・御坂・丹沢山地には他にも数多くの崩壊地形が分布するが（図4-12）、それらの発生年代や原因については未詳のものが多い。

写真 4-7　大谷崩《おおやくずれ》の全体像．手前に大谷川の源流部．長年にわたる国の直轄砂防工事によって，崩壊面の植生は徐々に回復しつつある．2016 年 12 月 17 日撮影

写真 4-8　大谷崩(**写真 4-7** 上部)の中心部のクローズアップ．左側のピークが大谷嶺．崖の面には，瀬戸川層群(漸新世〜中新世前期)に属する砂泥互層の縞模様が露出している．2016 年 12 月 17 日撮影

写真 4-9　大谷崩の崩壊によってできた土石流段丘．左奥から大谷川ぞいを流れてきた土石が，右奥から手前に流れる安倍川本流（三河内川）との合流点に堆積してできた．この土石によって安倍川本流にせき止め湖が誕生した（現在は消滅）．遠景左に大谷嶺．2016 年 12 月 17 日撮影

写真 4-10 白鳥山《しらとりやま》と富士川．1707 年宝永東海・南海地震によって写真左上の白鳥山が崩壊し，土石が手前を流れる富士川を塞いだ．近景の上長貫《かみながぬき》集落は，この崩壊によって大きな被害を受けた．2016 年 12 月 3 日撮影

写真 4-11　白鳥山崩壊の全景．手前の白鳥山が崩壊し，その土石は上長貫集落の一部を埋めて富士川に天然ダムをつくった．これによって一時的に左端の橋上《はしがみ》集落付近に至る湖が生まれたが，やがて決壊した．遠景に富士山．2017 年 9 月 18 日撮影

写真 4-12　御坂山地の四尾連《しびれ》湖．富士山の北をとりまく御坂山地にも大規模な崩壊地形が多数存在する．四尾連湖周辺の地すべり地形もそのひとつであり，地すべり発生源付近にできた楕円形の窪地に水がたまってできたのが四尾連湖（長径 350 m，短径 250 m，湖面標高 880 m）である．遠景の雪山は南アルプス．2016 年 3 月 25 日撮影

移動する土砂

山地の崩壊や浸食によって大量の土砂が下流にもたらされる。そうした土砂は河川によって運ばれ、一部は河床や川ぞいに堆積しつつ、沿岸にまで達する(写真4-13、4-14)。そうしたプロセスの中で、河川や海岸付近に特徴的な地形がつくられる。

そうした地形の中でとくに際立つものが砂嘴《さし》である。砂嘴は、海流に運ばれた砂礫が再堆積してできる地形であり、海岸から嘴《くちばし》のように突き出た岬をつくる(写真4-15)。岬の先に島があれば、その島に接続して陸繋島《りくけいとう》を形成する(写真4-16、4-17)。

砂嘴の陸側は入江や湖となり、後に土砂の流入や人為的な埋め立てによって平地となることもある(写真4-18、4-19)。砂嘴は浸食に弱く、津波によって切られたものもある(写真4-20)。

写真 4-13 安倍川と鯨ヶ池《くじらがいけ》．手前の鯨ヶ池の湖面は，遠景を右から左へと流れる安倍川の河床より低く，安倍川の伏流水が湧き出していると考えられている．土砂の堆積による安倍川河床の上昇によって形成されたせき止め湖の一種と言えるだろう．右の高架道路は新東名高速道路．2017 年 6 月 16 日撮影

写真 4-14　安倍川の河口と静岡市街．右は駿河湾，遠景中央やや右に日本平(**写真 4-2**)．2015 年 11 月 16 日撮影

写真 4-15　三保半島と折戸《おりど》湾．三保半島は駿河湾西岸に円弧状に突き出た砂嘴であり，その左側の入江が清水港のある折戸湾である．この砂嘴を形成した砂礫の大半は，位置関係から考えて安倍川によって運ばれたものであろう．半島の先端に三保松原《みほのまつばら》が見える．遠景に富士山．2017 年 1 月 10 日撮影

写真 4-16　伊豆半島北西端の大瀬崎《おせざき》．先端の内陸にある神池は淡水をたたえ，その湖面は周囲の海面より高い．神池付近には基盤の火山岩が露出しており，陸繫島《りくけいとう》と考えられる．2016 年 2 月 8 日撮影

写真 4-17　浜名湖・舘山寺《かんざんじ》の砂嘴．写真右の舘山《たてやま》は，かつて浜名湖に浮かぶ島であったが，砂嘴の発達によって陸繋島となった．砂嘴の上には舘山寺温泉街がつくられた．2017 年 2 月 4 日撮影

写真 4-18　伊豆半島の北西海岸にある井田《いた》の明神池．手前から海岸ぞいに伸びる砂嘴の内側にかつて入江があったが，その北半分は山から流れ出た土砂によって埋積されて平地となった．南側の明神池が入江の面影を残す．2016 年 2 月 8 日撮影

写真 4-19　南伊豆町の弓ヶ浜．弓ヶ浜の背後の松原は，青野川(左)の河口にできた砂嘴の跡である．背後にあった入江はすでに消滅したが，周囲より低く平らな地形と「湊《みなと》」という地名によってその面影を残す．2017 年 8 月 9 日撮影

写真 4-20　浜名湖の今切《いまぎれ》口．浜名湖（写真左）は長大な砂嘴によって遠州灘（写真右）と隔てられた汽水湖である．写真上部に見える現在の湾口（今切口）は，1498 年明応東海地震にともなう津波の浸食によってできた．遠景は浜松市街．2015 年 4 月 30 日撮影

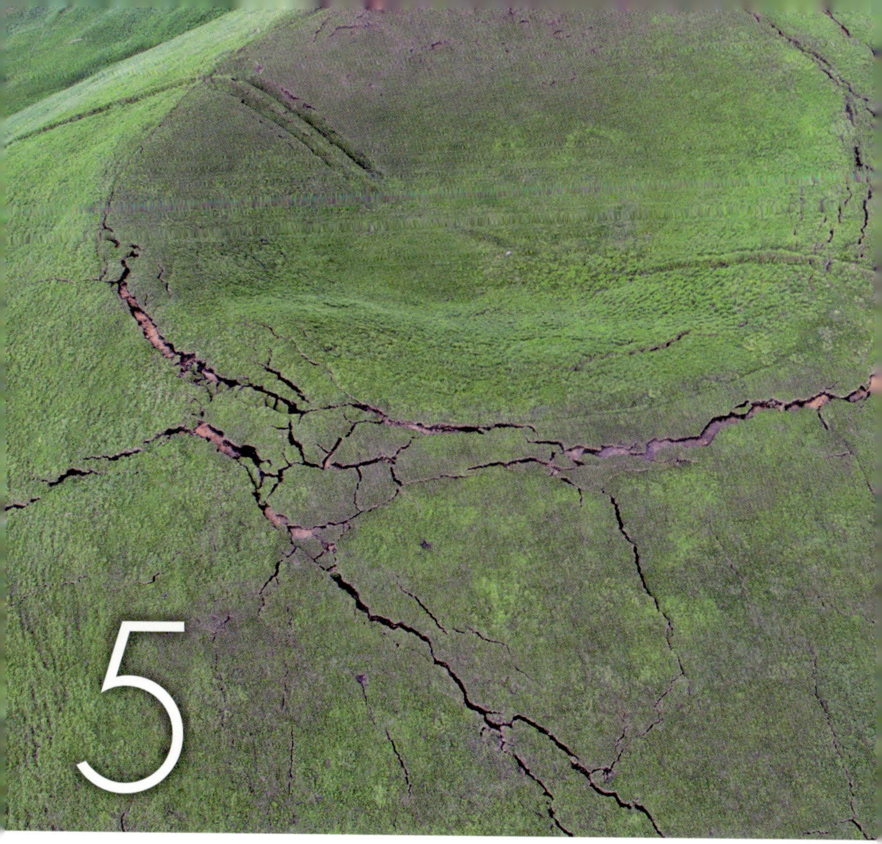

ドローン撮影の威力

災害現場でのドローン撮影――2016年熊本地震の例

2016年熊本地震は、4月14日21時26分に熊本県益城《ましき》町付近で発生したマグニチュード6・5の地震(いわゆる「前震」)から始まる一連の地震を指す。地震の発生範囲は4月16日1時25分に再び益城町付近を襲ったマグニチュード7・3の地震(いわゆる「本震」)をきっかけに拡大し、八代市・熊本市付近から阿蘇地方を経て大分県の別府付近にわたる広い範囲に顕著な地変と被害がもたらされた。ここでは熊本地震を例として、災害現場におけるドローン撮影の威力を紹介する(写真5-1~5-6)。

写真 5-1　益城《ましき》町の中心部(安永付近). 多数の家屋の屋根にブルーシートが掛けられている. 高度 150 m ほどの低空から撮影したため, 通常の高空からの垂直写真や斜め写真よりも, 倒壊家屋の特定が容易である. 2016 年 5 月 14 日撮影

写真 5-2　(上)2016 年熊本地震の地表地震断層(益城町堂園)．地震以前から活断層として知られていた布田川《ふたがわ》断層に沿う約 2 m の右横ずれ変位が現れた．2016 年 5 月 14 日撮影

(下)地上から見た熊本地震の地表地震断層(上の写真と同じ箇所を同日に撮影)．付近に高台がないため全体像を把握するのが難しい．ドローン撮影の威力がわかる．

写真 5-3　阿蘇カルデラ西縁(南阿蘇村立野)の崩壊．熊本と大分を結ぶ国道 57 号線と JR 豊肥本線をおよそ 250 m にわたって埋没させた．崩壊の規模と全体像がひと目でわかる．2016 年 5 月 15 日早川由紀夫撮影

しいので，この例でもドローン写真の威力がわかる．2016 年 5 月 15 日早川由紀夫撮影

写真 5-4　阿蘇カルデラ北部(阿蘇市内牧温泉付近)の地割れ群．地割れには縦ずれ成分があり，地溝状に陥没していることがわかる．地割れの縦ずれ成分を高空からの写真から読み取ることは難

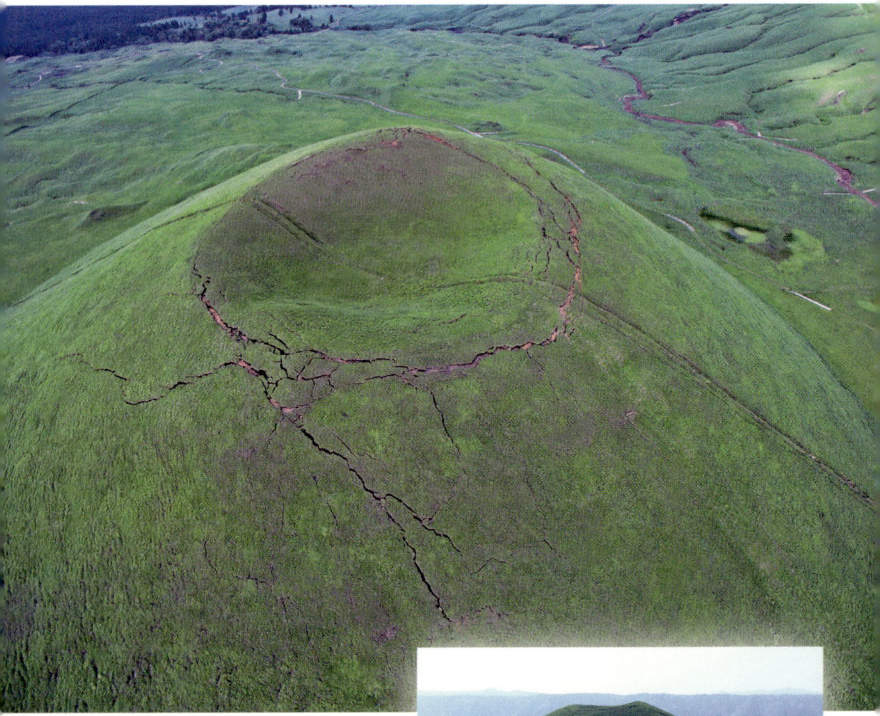

写真 5-5　(上)阿蘇山北斜面の米塚《こめづか》にできた亀裂．米塚は，粘性の小さいマグマのしぶきが火口の周囲に降り積もってできたスコリア丘(噴火年代は3300年前)である．熊本地震の強い揺れによって表層に亀裂が入ったことがわかる．2016年5月14日撮影

(下)地上から見た米塚スコリア丘(上の写真と同日に撮影)．その優美な姿の中に，亀裂の存在や特徴を把握することは難しい．

写真 5-6　阿蘇の米塚(手前)と杵島《きしま》岳(右奥). 熊本地震で痛々しく崩壊した杵島岳の山腹のほか, 米塚の北西側斜面にもパッチ状の崩壊箇所があることがわかる. 2016 年 5 月 14 日撮影

海外でのドローン撮影——英国形成の長い歴史

ドローンは、訪れる機会の限られた国外の地形・地質の把握のためにも役立つ。ここでは英国での撮影例を紹介する(写真5-7〜5-13)。

近代地質学発祥の地として名高い英国の大地には、先カンブリア時代からの長く複雑な歴史が刻まれている。スコットランドとイングランドの地質学的起源は異なり、かつて両者の間にヤペタス海という大洋があった。イングランドとウェールズはアヴァロニアと呼ばれる大陸の一部であった。プレート運動によってヤペタス海が閉じ、英国の大地の原型ができたのが4億年ほど前である。その後もアヴァロニアとゴンドワナ大陸の間にあったレーイック海が閉じたり、大西洋が開いたりする際の地殻変動や火山活動などの影響を受けながら、現在のグレートブリテン島ができあがった。

写真 5-7　夕陽に染まるイングランド南部ビーチー岬のチョーク．北大西洋の拡大が始まろうとしていた白亜紀後期には，全地球的な温暖化にともなう海面上昇によってヨーロッパの広い範囲が浅い海におおわれた．そこに石灰質の殻をもつ微生物の遺骸が大量に堆積し，チョークと呼ばれる白色細粒の地層を形成した．2016 年 10 月 2 日撮影

光の下で白亜の壁が輝く．2016 年 10 月 3 日撮影

写真 5-8　イングランド南部ビーチー岬のチョーク．午前中の陽

この崖では厚い溶岩流の下部の柱状節理(下部コロネード)と中部の不規則状節理(エンタブラチャ)が観察できる．2016 年 9 月 22 日撮影

写真 5-9　スコットランド西岸沖スタッファ島の柱状節理(海上の船からの眺め)．およそ 6000 万年前，大西洋中央海嶺のプレート拡大の余波が英国北部にも及び，大量の玄武岩溶岩が流出した．

写真 5-10　(上)スコットランド西岸沖スタッファ島の柱状節理. 2016 年 9 月 22 日撮影　(下)スタッファ島の柱状節理のクローズアップ. 上の写真と同日に撮影

写真 5-11　(上)イングランド南西部チェジルビーチの砂《さ》嘴《し》．この付近の海岸(ジュラシック・コースト)にはジュラ紀の地層と化石がよく保存され，世界自然遺産の指定も受けている．その中部に突出するチェジルビーチは，長さ 10 km に及ぶ美しい砂嘴(第 4 章「移動する土砂」)であり，遠景のポートランド島に接続している．2016 年 9 月 30 日撮影

(下)チェジルビーチの砂嘴をつくる堆積物は，さまざまな岩石からなる直径数 cm の円磨された礫である．上の写真と同日に撮影

写真 5-12　イングランド南西部ジュラシック・コーストのダードル・ドア(地上写真)．左側の恐竜のような岩(ダードル・ドア)をつくる地層はジュラ紀の石灰岩．地層の傾きは垂直に近く，恐竜の首の延長上にところどころ続く岩礁もその続きである．一方，右の海岸の崖の白い地層は白亜紀のチョーク．つまり，ちょうどこの海岸付近にジュラ紀・白亜紀境界がある．遠景左にポートランド島．2016 年 10 月 1 日撮影

写真 5-13 イングランド北部，「ハドリアヌスの壁」とケスタ地形．この付近に分布する石炭紀の地層は南（写真左側）にゆるく傾斜し，硬い石灰岩や砂岩が突き出して東西に伸びるケスタ地形をつくっている．写真中央やや左のひときわ高い尾根は，これらの地層に割り入った玄武岩のシル（地層面と平行に貫入したマグマが冷え固まった岩体）が浸食に耐えてできたものである．その上をたどるように，ローマ帝国のハドリアヌス帝時代につくられた長城「ハドリアヌスの壁」が続く．また，この付近の地下には，かつてスコットランドとイングランドを隔てたヤペタス海が閉じた跡（ヤペタス縫合線）が通過している．2016 年 9 月 24 日撮影

付記　国内外でのドローン撮影のためのメモ

(1)フライトの法的制限

ドローンのフライトは、各国の法律や条例による制限を受ける場合がほとんどである。以下に、筆者がフライト経験をもつ日本・米国・英国・フランスの飛行ルールについて簡単に記した。

ここには個人が趣味のために私的な撮影をする場合の情報を書いた。重い機体、業務上のフライト、撮影以外の運搬などの用途には別の制限を受ける場合が多いので注意してほしい。逆に軽い機体(国内では200g未満)は、制限が大幅に緩和される場合がある。

なお、各国のルールは整備の途上にあるため、フライトにあたっては最新の情報を参照してほしい。旅客機へのドローンの持ち込みは、予備バッテリーも含めて機内持ち込み手荷物として検査を受ければ可能である。ただし、海外空港では機体やバッテリーに対する爆発物検査を受けた経験が何度かあるので、時間に余裕をもって搭乗すること。

日本

２０１５年12月10日から施行された改正航空法によって、国内でのドローン飛行には以下に掲げる制限が設けられた。

①高度１５０ｍ以上の飛行禁止（この高度は離陸地点が基準ではなく、つねに機体直下の地表からの高さなので、谷や低地をまたいで飛行する場合は注意を要する。逆に、山や高地の上空では高度をかせぐことができる）
②人口密集域上空の飛行禁止（国土地理院のウェブサイト等で全国の人口密集域の地図が閲覧できる）
③目視外飛行の禁止
④夜間飛行の禁止
⑤他者の人体や建物から30ｍ以内の飛行禁止
⑥空港などの重要施設上空・近傍での飛行禁止
⑦その他の施設・催事の上空での飛行禁止

これらの詳しい内容についての解説本やウェブサイトが数多くあるので参照してほしい。なお、これらの制限を解除・緩和する許可を得るためには、航空局への個別の申請が必要となる。申請の労力は多大なので、代行業者に依頼すると良いだろう。また、これらの制限とは別に、国内で正規に販売されているドローン機体そのものが電波法の制限を受けており、無線操縦の可能距離が元のスペックよりも低く設定されている。

米 国

飛行高度が、日本国内よりも低い４００フィート（約１２０ｍ）以下に制限される点に注意。国立公園の上空は一律に飛行禁止である点にも注意。ルール全般は次のサイトを参照。

https://www.faa.gov/uas/getting_started/fly_for_fun/

フライトにあたっては、次のサイトでドローン機体を登録し、登録番号を機体に表示しなければならない（海外からの旅行者にも適用）。登録は有料だが、渡航前に登録することが可能である。

https://registermyuas.faa.gov

英 国

飛行高度が、米国と同じく４００フィート（約１２０ｍ）以下に制限される点に注意。ルール全般は次のサイトを参照。

http://dronesafe.uk

フランス

地域ごとに細かく飛行高度が制限されている。ルール全般は次のサイトを参照。

http://aerophoto-drones.bzh

http://www.mlvdrone.fr/rules-for-flying-recreational-drones/

(2)フライトと撮影のノウハウ

ドローンのフライトと撮影には、通常の写真撮影と異なるノウハウがあるので、筆者が気づいた点を記しておきたい。なお、筆者はＤＪＩ社のドローン4機種(本書の写真撮影に用いたPhantom 2 Vision+, Phantom 3 Advanced, Phantom 4の3種、ならびに同社のMavic Pro)以外を操縦した経験はないので、ここでの記述はそれらの機種と、それらの操縦用アプリDJI GO(Phantom 2用はDJI VISION)にもとづくことに注意してほしい。

フライト準備

・ドローンを本格的に運用するためには、機体と補助機材すべてを入れて背負うことができるリュックが必須である。純正品も含めて数種類あるので、事前に入手しておきたい。Mavic Proに関しては、本体とリモコンそれぞれを入れて旅行かばんに放り込めるコンパクトなセミハードケースもある。

・機体とリモコン以外に、操縦用のアプリをインストールした上でリモコンに装着するスマホまたはタブレットPCが必要である（ただし、専用モニターつきの特殊なリモコンを除く）。筆者はiPad miniを愛用している。小さな画面のスマホでは、何を写しているのかすら定かでないし、緊急着陸を要するなどの事態の発生時に難儀することになる。

・バッテリーのフル充電には1時間以上かかるので、十分な数の予備バッテリーを購入しておく必要がある。また、車で移動中に充電できるカーチャージャーも用意しておきたい。

・ドローンで撮影された写真は、機体内部のマイクロSDカードに記録される。このメモリーカードは、予定するフライトの数ぶんの予備を用意し、フライトのたびに差し替えると良い。1枚だと飛行中にカードが満杯になる危険性があるうえ、万が一墜落した場合に、その日に撮影した画像がすべて失われるからである。やや値段が張るが、購入時の付属品と同等のU3クラスの高速書き込みができるカードを用意したい。通常の安価なカードだと静止画の書き込みに時間がかかって空中で待たされるし、動画すらうまく書き込めないものもある。

・ドローンのモーターは冷却を考慮したオープン構造になっているので、砂粒が入りやすい。砂粒がモーターに噛んでしまうとモーターを交換するしかなくなる。筆者は、輸送時にモーターに装着するキャップを購入して使用している。

・ドローンは使用しているうちに、あちこちのキャリブレーションが必要となる。ＤＪＩのドローンには、さまざまなキャリブレーションの機能が実装されているので、説明書やウェブサイトの情報をよく調べて定期的に実行してほしい。

・機体やリモコンのファームウェアならびに操縦用アプリは頻繁にアップデートされており、更新が必要な場合はアプリに通知が表示されるので、Wi-Fi環境下で更新する必要がある。とくにファームウェアの更新には時間がかかるので、フライト前日までに済ませておくことを勧める。

離陸と着陸

・離陸前に、上空やフライトさせる方面に障害物がないかどうかを必ずチェックする。高圧線、鳥の群れ、パラグライダーなどには特に注意が必要である。

・離着陸時には特にモーターに砂粒が入りやすい。離着陸用のマットがあると良いが、マットを山岳や荒れ地で使うことは難しいので、筆者はハンドキャッチ（地面に着陸させずにドローンの足をつかんだ上でモーターを停める）によってその問題を避けている。しかし、ドローンの回転翼は凶器と言えるほど危険なので、ハンドキャッチは手が届く距離でホバリングさせたまま慎重に行う。ただし、Mavic Pro に関しては機体の形態上ハンドキャッチが難しいので、筆者は機体に補助パーツを追加してハンドキャッチしている。

墜落させないために

- 風のある場合も、ドローンはGPS制御によって飛行を安定させようとするが、限度がある。風に強い Phantom 4 であっても、上空の風速が毎秒10 m以上ありそうなら運用を諦めるべきである。風下へは飛行できても、風上に戻れなくなったり、戻るのに時間を要するので注意が必要である。機体の軽い Mavic Pro は、いっそう風に弱い。
- フル充電の Phantom 4 で20分以上飛行できるなど、ドローンの飛行可能時間は延びつつある。しかし、戻る際にトラブルがあった場合に備えて、バッテリー残存量に余裕があるうちにフライトを終了すべきである。筆者は50％を切ったら戻すことを考え始め、30％を割らないうちに着陸させるようにしている。
- 操縦する場所は、可能な限り空が開けた場所を選び、急斜面や崖・建物・樹木などの陰を避けるべきである。そうした障害物によって、ドローンがとらえるＧＰＳ衛星の数が十分でなかったり機体とリモコン間の無線通信が阻害されたりすると、機体の挙動や画像伝送が不安定になるからである。

・画像の伝送にはタイムラグがあり、モニターの画像は機体の位置や状態をやや遅れて伝えていることに留意すべきである。

・画像伝送が失われた場合に備えて、ＤＪＩのドローンは離陸場所に自動的に戻る機能（ゴーホーム機能と呼び、非常時以外でも使用可能）を備えている。実際に、筆者はこの機能のおかげで救われた経験をもつが、あくまで非常時の保険として考えるべきであり、この機能に頼ってはいけない。また、普段からゴーホーム機能を使わずに手動で離陸場所に戻していれば、そのぶん操縦経験を積み重ねられる。

・Phantom 4とMavic Proには前方と下方の障害物を検知し、機体を停止させたり障害物を回避したりする機能があり、上位機種のPhanton 4 Proはさらに両側面と後方の障害物も検知する。しかし、細い物体や小さい物体は検知困難なため、この機能に頼りすぎるのは危険である。

撮影のコツ

- 低空からの空撮というドローンの特徴を活かすために、できる限り近景から遠景までを連続的に俯瞰するアングルを選ぶと、遠近感が強調された良い写真になりやすい。遠景だけを撮影すると、高台や航空機から撮影した写真との差が出にくい。
- 1点からの空撮だけで満足しないほうが良い。操作中のモニター画面ではわからない不満や不具合が後から見つかることがある。空中で前後左右に移動させ、アングルを変えて撮影すると良い結果が得られることが多い。
- Phantomのカメラは固定焦点、かつズームはアプリ側のデジタルズームのみという単純な構成なので、撮影は光線とアングルが勝負である。スーパー地形、カシミール3D、Google Earthなどの地図ソフトを用いて、事前に撮影アングルをチェックしておくと良い（スーパー地形にはドローンの飛行ルート検討機能もある）。なお、Mavic Proのカメラはオートフォーカスだが、焦点が甘かったり、焦点が合うまでに時間がかかるので注意を要する。
- 視程の良い晴天の日に良い写真が撮影できるのは当然のことだが、冬は太陽高度が低いので、山や建物の陰に注意が必要である。また、太陽を完全に背にした順光の撮影では、樹木や地表からの反射によって画像の中に不自然に明るいスポットが発生しやすい。これを避けるためには、斜め背後から陽光が差すアングルを選ぶと良い。

筆者愛用のドローン DJI Phantom 4 とそのリモコン．南伊豆町にて．

・空撮はやり直しがなかなかできないので、撮影の際にはＪＰＥＧ画像だけでなく、ＲＡＷ画像を同時に記録する機能を常時オンにしておきたい。ＲＡＷ画像の方が、後から修正できる幅が大きいからである。また、自動的に露出を数段階変えて撮影し、後から適正な露出を選択できるＡＥＢ機能も便利である。

• Phantom 4 や Mavic Pro は高画質の４Ｋ動画の撮影が可能である。４Ｋ動画からはそこその画質の静止画像を抽出できるので、静止画を失敗した時の保険として、静止画のほかに４Ｋ動画も撮影しておくと良い。ただし、動画のための操縦に凝りすぎると、危険察知が遅れがちなことに注意すべきである。

小山真人
1959年静岡県浜松市生まれ．静岡大学理学部卒業，東京大学大学院理学系研究科博士課程修了．理学博士(地質学)．現在，静岡大学防災総合センター教授(副センター長)，同大学教育学部教授．伊豆半島ジオパーク推進協議会顧問．専門は，火山学，歴史地震学，地震・火山防災．
主な著書に『富士山──大自然への道案内』(岩波新書)，『富士山大噴火が迫っている！』(技術評論社)，『Geohistory of the Izu Peninsula』(静岡新聞社)など．

岩波 科学ライブラリー 268
ドローンで迫る 伊豆半島の衝突

2017年12月13日　第1刷発行
2019年 7 月16日　第2刷発行

著　者　小山真人《こやままさと》

発行者　岡本　厚

発行所　株式会社 岩波書店
〒101-8002 東京都千代田区一ツ橋 2-5-5
電話案内 03-5210-4000
https://www.iwanami.co.jp/

印刷製本・法令印刷　カバー・半七印刷

ISBN 978-4-00-029668-7　Printed in Japan

●岩波科学ライブラリー〈既刊書〉

280 **組合せ数学**
ロビン・ウィルソン　訳川辺治之
本体一六〇〇円
ふだん何気なく行っている「選ぶ、並べる、数える」といった行為の根底にある法則を突き詰めたのが組合せ数学。古代中国やインドに始まり、応用範囲が近年大きく広がったこの分野から、バラエティに富む話題を紹介。

281 **メタボも老化も腸内細菌に訊け！**
小澤祥司
本体一三〇〇円
癌の発症に腸内細菌はどこまで関与しているのか？　関わっているとしたら、どんなメカニズムで？　腸内細菌叢を若々しく保てば、癌の発症を防いだり、老化を遅らせたり、認知症の進行を食い止めたりできるのか？

282 **予測の科学はどう変わる？**
人工知能と地震・噴火・気象現象
井田喜明
本体一二〇〇円
自然災害の予測に人工知能の応用が模索されている。人工知能による予測は、膨大なデータの学習から得られる経験的な推測で、失敗しても理由は不明、対策はデータを増やすことだけ。どんな可能性と限界があるのか。

283 **素数物語**
アイディアの饗宴
中村　滋
本体一三〇〇円
すべての数は素数からできている。フェルマー、オイラー、ガウスなど数学史の巨人たちがその秘密の解明にどれだけ情熱を傾けたか。彼らの足跡をたどりながら、素数の発見から「素数定理」の発見までの驚きの発想を語り尽くす。

284 **論理学超入門**
グレアム・プリースト　訳菅沼　聡、廣瀬　覚
本体一六〇〇円
とっつきにくい印象のある〈論理学〉の基本を概観しながら、背景にある哲学的な問題をわかりやすく説明する。問題や解答もあり。好評『《1冊でわかる》論理学』にチューリング、ゲーデルに関する二章を加えた改訂第二版。

定価は表示価格に消費税が加算されます。二〇一九年六月現在